SIDA Y GESTACIÓN

CONDUCTA OBSTÉTRICA

MANUAL PARA MATRONAS Y PERSONAL SANITARIO

Patricia Álvarez Holgado

Gustavo A. Silva Muñoz

Mª Luisa Alcón Rodríguez

SIDA Y GESTACIÓN

CONDUCTA OBSTÉTRICA

MANUAL PARA MATRONAS Y PERSONAL SANITARIO

© **Autores: Patricia Álvarez Holgado, Gustavo A. Silva Muñoz, Mª Luisa Alcón Rodríguez**

© **Por los textos: Servando J. Cros Otero, Estefanía Castillo Castro, Mª José Barbosa Chaves, Tatiana Álvarez Holgado.**

27 de Octubre de 2012

ISBN: 978-1-291-15487-0

1ª Edición

Impreso en España / Printed in Spain

Publicado por Lulú

INDICE:

CAPÍTULO 1..9

Etiología, patogenia, epidemiología y transmisión del VIH en Obstetricia

Autores: Patricia Álvarez Holgado, Servando J. Cros Otero, Estefanía Castillo Castro.

CAPÍTULO 2..21

Consejo preconcepcional: diagnóstico, parejas serodiscordantes y control gestacional

Autores: Gustavo A. Silva Muñoz, Mª José Barbosa Chaves, Servando J. Cros Otero.

CAPÍTULO 3..37

Prevención de la transmisión vertical y tratamiento antirretroviral

Autores: Mª Luisa Alcón Rodríguez, Estefanía Castillo Castro, Mª José Barbosa Chaves

CAPÍTULO 4..............................54

El papel de la matrona: cuidados generales y psicológicos. Lactancia materna.

Autores: Patricia Álvarez Holgado, Servando J. Cros Otero, Estefanía Castillo Castro.

CAPÍTULO 5..............................63

El SIDA y el parto, la amenaza de parto pretérmino y la rotura prematura de membranas

Autores: Patricia Álvarez Holgado, Mª Luisa Alcón Rodríguez, Tatiana Álvarez Holgado.

CAPÍTULO 6..............................73

VIH en la gestación y coinfección por VHC y VHB

Autores: Gustavo A. Silva Muñoz, Tatiana Álvarez Holgado, Mª José Barbosa Chaves.

BIBLIOGRAFÍA..............................78

CAPÍTULO 1:

Etiología, patogenia, epidemiología y transmisión del VIH en Obstetricia

El VIH es un virus perteneciente al grupo de los *lentivirus* o *retrovirus citopáticos no transformantes*.

Existen 2 subtipos capaces de provocar la enfermedad: VIH-1 y VIH-2 (África occidental).

La característica principal de la infección por VIH es la destrucción paulatina y persistente del sistema inmunitario afectado.

El "Síndrome de inmunodeficiencia adquirida" (SIDA, o AIDS en inglés) corresponde al estadio final del proceso patogénico.

En su ciclo biológico, el virus se une a la molécula CD4, que se encuentra en la superficie de una subpoblación de linfocitos T (T4, inductores o cooperadores "helper").

También infecta macrófagos, linfocitos B, monocitos, células cutáneas de Langerhans, y células dendríticas en ganglios linfáticos, etc.

El VIH contiene una unidad funcional enzimática llamada transcriptasa inversa, que convierte el ARN viral que se integrará en el ADN de la célula huésped.

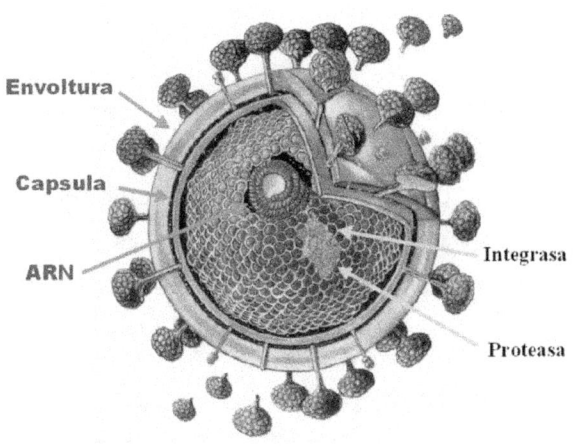

Ilustración 1: Virus de la Inmunodeficiencia Humana

Estos provirus integrados se duplican con los genes celulares normales durante cada división celular; de modo que toda la progenie de la célula originalmente infectada contendrá el ADN retroviral.

Adicionalmente, la célula infectada puede producir múltiples copias del virus infeccioso, que a su vez pueden infectar a otras células.

El curso de la enfermedad puede ser clasificado según el nivel de células CD4 y la condición clínica con el objetivo de tener un mayor valor pronóstico (clasificación de CDC de EEUU, 1993)

1. *Infección aguda inicial: seroconversión (10 y 14 días).*

Curso clínico de la primoinfección: recuerda a una mononucleosis infecciosa, con diarrea, ausencia de amigdalitis, cefalea, movimientos oculares dolorosos y rash macular simétrico. Es usual la linfopenia transitoria de CD4, y la inversión del índice CD4/CD8.

2. *Fase de latencia clínica: periodo asintomático (4 y 12 años/rápida progresión de la enfermedad sin periodo asintomático)*

Enfermedad activa en el tejido linfático, carga viral generalmente baja. Puede observarse linfadenopatía generalizada persistente (LGP).

3. **Inmunodeficiencia avanzada o fase sintomática: (varios años)**

Disminución progresiva de linfocitos CD4 con complicaciones clínicas. El SIDA es el estadio o final.

Categoría según cifras de linfocitos CD4	A	B	C (SIDA)
>500 cels/mm^3	A1	B1	C1
200-499 cels/mm^3	A2	B2	C2
199 cels/mm^3	A3	B3	C3

PROGRESIÓN DEL VIH

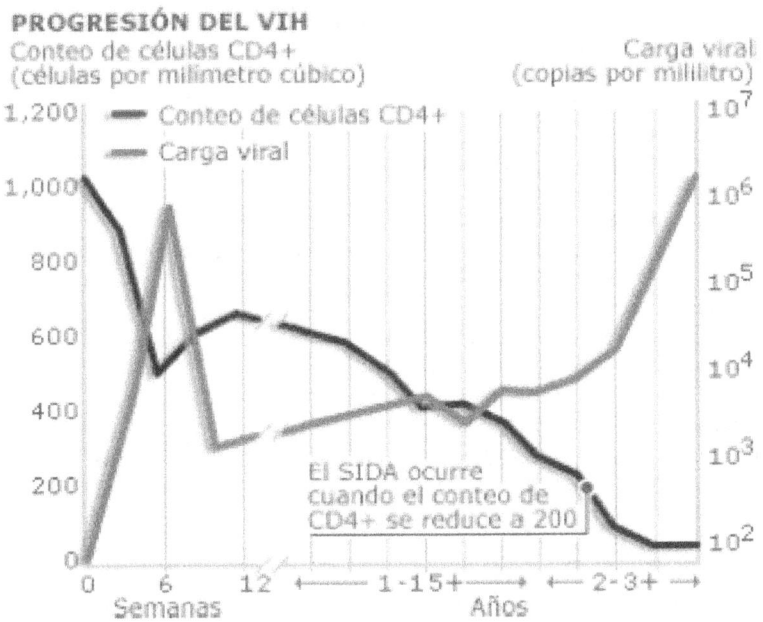

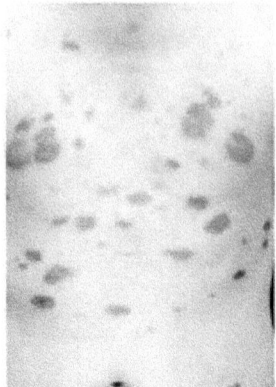

Ilustración 2: Sarcoma de Kaposi

Situaciones clínicas que definen el SIDA (CDC, 1993).

(*)Número de linfocitos CD4 < 200 células/mm^3.
Candidiasis de bronquios, tráquea, pulmón, o esofágica.
Cancer cervical invasivo.
Coccidiomicosis, diseminada o extrapulmonar.
Criptococosis extrapulomar.
Criptosporidiosis intestina crónica (duración > 1 mes).
Citomegalovirus, enfermedad (excepto afectación del bazo, hígado o ganglios linfáticos).
Citomegalovirus, retinitis: con pérdida de visión.
Encefalopatía por VIH.
Herpes simple: úlceras crónicas (duración > 1 mes), bronquitis, pneumonitis, o esofagitis.
Histoplasmosis, diseminada o extrapulmonar.
Isosporiasis intestinal crónica (duración > 1 mes).
Leucoencefalopatía multifocal progresiva.
Linfomas no-Hodgkin (cerebral primario, de Burkitt, inmunoblástico;o términos equivalentes).
Mycobacterium avium complex o *Mycobacterium kansasii*, diseminado o extrapulmonar.
Neumonia por *Pneumocystis carinii*.
Neumonia recurrente.
Sarcoma de Kaposi.
Septicemia recurrente por *Salmonella*.
Toxoplasmosis cerebral.
Tuberculosis, diseminada o extrapulmonar.
Tuberculosis pulmonar.
Síndrome consuntivo por VIH o ("wasting syndrom").

(*): sólo es criterio de SIDA en EEUU, no en Europa.

La Organización Mundial de la Salud estima que 34 millones de personas viven con el VIH/sida en el mundo.

La gran mayoría de ellas se encuentran en países de ingresos bajos o medios. Se calcula que en 2010 contrajeron la infección 2,7 millones de personas.

Según los datos epidemiológicos recogidos por la OMS de 2003 a 2009 se multiplicó por doce (5,2 millones de personas) el acceso al tratamiento antirretroviral en países de ingresos bajos y medianos.

GLOBAL REPORT

Global summary of the AIDS epidemic | 2009

Number of people living with HIV	Total	33.3 million [31.4 million–35.3 million]
	Adults	30.8 million [29.2 million–32.6 million]
	Women	15.9 million [14.8 million–17.2 million]
	Children (<15 years)	2.5 million [1.6 million–3.4 million]
People newly infected with HIV in 2009	Total	2.6 million [2.3 million–2.8 million]
	Adults	2.2 million [2.0 million–2.4 million]
	Children (<15 years)	370 000 [230 000–510 000]
AIDS deaths in 2009	Total	1.8 million [1.6 million–2.1 million]
	Adults	1.6 million [1.4 million–1.8 million]
	Children (<15 years)	260 000 [150 000–360 000]

World Health Organization   UNAIDS

Ilustración 3: Cálculo global de la epidemia de VIH aportada por la OMS en 2009

Las nuevas directrices terapéuticas de la OMS publicadas en el 2010, indican que el número de personas que necesitan un tratamiento se ha ampliado de 10 a 15 millones.

Se calcula que 3,4 millones de niños viven con el VIH/sida. Según indican las cifras de 2010, la mayoría de esos niños vive en el África subsahariana y contrajo la infección a través de su madre VIH-positiva durante el embarazo, el parto o el amamantamiento. Cada día hay casi 1 100 niños que contraen la infección. El número de niños tratados con antirretrovirales pasó de unos 75 000 en 2005 a 456 000 en 2010.

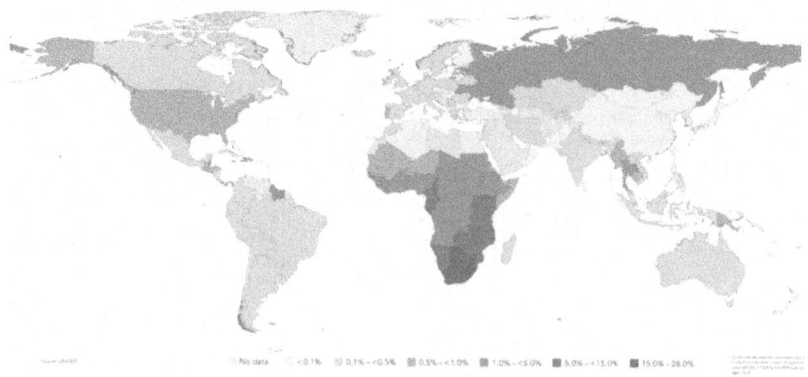

Ilustración 4: Mapa global de la epidemia de VIH aportado por la OMS en 2010.

La **tasa natural de transmisión vertical** se define como el número de niños que se infectan por cada 100 mujeres embarazadas VIH positivas.

Zona	<1994	1994-2000	>2000
EUROPA	15,5%	7,9%	1,8%
EEUU	11%	5-6%	2%
AFRICA			30-50%

VARIACIONES GEOGRÁFICAS

- diferencias metodológicas en los estudios
- distinta mortalidad perinatal
- distinta frecuencia y duración de la lactancia materna
- variaciones en la proporción de mujeres que adquieren la infección durante el embarazo
- modo del parto
- situación clínica, inmunológica y virológica de la infección en la madre
- factores nutricionales
- coinfecciones

Ilustración 5: Causas de la variación geográfica de la infección por VIH

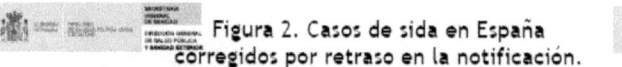

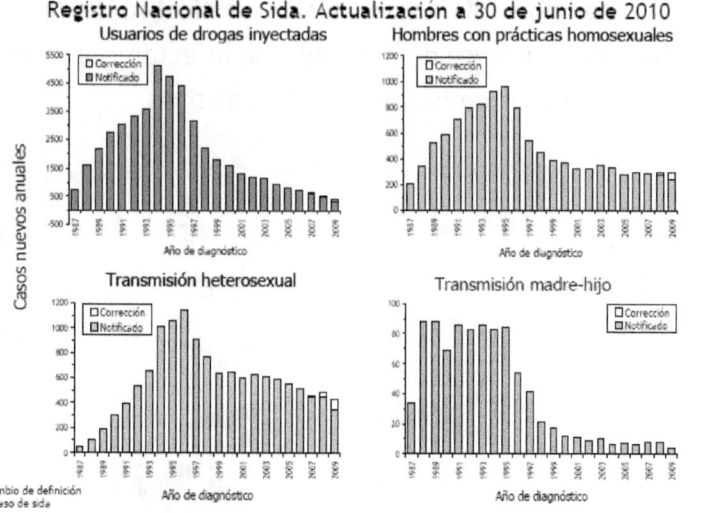

Ilustración 6. Casos de SIDA en España en 2010. Fuente MSPS.

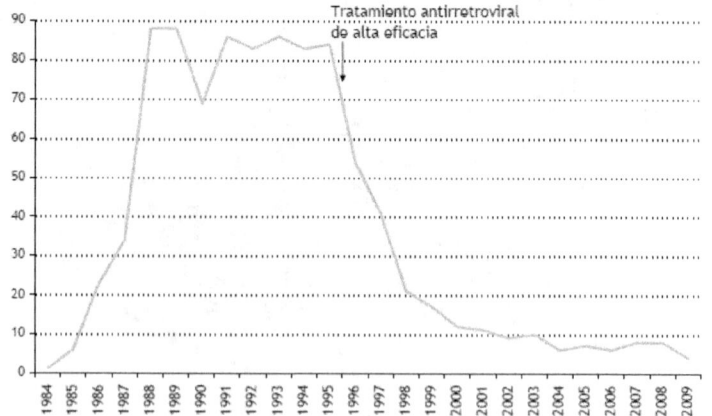

Ilustración 7: Casos de transmisión vertical en España en 2010. Fuente MSPS.

La transmisión del VIH en Obstetricia puede producirse por vía sexual, parenteral o por transmisión vertical.

La tasa de transmisión vertical procedente de mujeres que adquirieron la enfermedad por vía heterosexual es mayor que la de las mujeres seropositivas que adquirieron la enfermedad por uso de drogas por vía parenteral (4,7% frente a un 1,5% respectivamente).

El desconocimiento de la infección antes del embarazo suele ser más frecuente en las mujeres infectadas por vía heterosexual, por lo que existe una disminución en el número de intervenciones realizadas para prevenir la infección en el niño

La tasa de transmisión vertical en ausencia de terapia se encuentra en torno al 14-25% en países desarrollados.

Los tipos de transmisión vertical son:

- Intraútero (25-40%).
- Intraparto (60-75%).
- Lactancia materna: aumenta el riesgo entorno a un 15-29% (14% p. desarrollados).

Las causas que aumentan el riesgo de transmisión vertical son:

- Carga viral: no existe valor umbral mínimo sin riesgo de infección.
- Estadio clínico de la enfermedad.
- Número de linfocitos CD4+.
- Factores obstétricos.
- Vía del parto.
- Duración de la rotura de las membranas amnióticas.
- Procedimientos invasivos: amniocentesis, microtomas intraparto, etc.

> La transmisión vertical durante el parto vaginal se debe a:
> - microtransfusiones sanguíneas que suceden durante las contracciones
> - ascenso del virus a través de la vagina y el cérvix una vez que las membranas se han roto
> - absorción del virus a través del tracto digestivo del niño

CAPÍTULO 2:

Consejo preconcepcional: diagnóstico, control gestacional y parejas serodiscordantes

El objetivo del **consejo preconcepcional** es obtener un óptimo estado de salud previo a la gestación.

Se debe lograr una contracepción efectiva mientras tanto.

Debemos dar una completa información sobre el riesgo de la transmisión vertical, las estrategias de prevención y los efectos adversos potenciales de la medicación durante la gestación y en el recién nacido.

Se debe realizar un cribado de las enfermedades infecciosas potenciales y las enfermedades de transmisión sexual.

Como norma general debemos seguir las recomendaciones del tratamiento antirretroviral (TARV) del adulto no gestante pero:

- No tratar de forma específica sólo por el deseo gestacional
- Si toma fármacos teratógenos, modificar el tratamiento

Es necesario hacer una buena profilaxis de enfermedades oportunistas y realizar las inmunizaciones necesarias.

Debemos identificar los factores de riesgo que puedan tener resultados adversos para madre o feto y realizar un cribado de abuso de sustancias tóxicas.

El ***diagnóstico del VIH en la gestación***:

Será necesario realizar una serología en la primera consulta, independientemente de la edad gestacional; en el segundo trimestre si existen conductas de riesgo; y de nuevo en el tercer trimestre.

Si se sospecha primoinfección, será necesario determinar la PCR cuantitativa de VIH (carga viral).

El Test de ELISA servirá para identificar ac-VIH, y el test de Western-Blot para confirmación.

Debemos confirmar la infección antes de informar a la gestante, y ofrecer un test rápido de VIH durante el trabajo de parto si desconoce la serología. Ésta permite determinar la presencia de ac-VIH en menos de 1 hora. Debe confirmarse posteriormente con el test de ELISA Y Western-Blot. Si es positivo, actuaremos según el protocolo sin esperar test de confirmación.

Cuando nos encontramos ante **parejas serodiscordantes**, se plantean 3 cuestiones:

- reducir al máximo la transmisión sexual del VIH durante la concepción.
- Manejar adecuadamente la fertilidad de estas parejas.
- prevenir la infección del recién nacido.

Existen dos situaciones diferenciadas:

1) sólo el hombre está infectado.

2) la mujer está infectada independientemente del estado del hombre.

Hombre VIH + y mujer no infectada

El objetivo es conseguir un embarazo sin que se infecten ni la mujer ni el recién nacido.

El riesgo teórico de transmisión oscila entorno al 0.08-0.3%.

Algunos estudios han descrito una alteración de la motilidad espermática que parece estar asociada tanto a la infección por el VIH como a los tratamientos antirretrovirales, sin embargo, no existe evidencia de que esta alteración disminuya la fertilidad.

Un estudio prospectivo realizado con varones seropositivos que no recibían TARGA describió tasas de seroconversión en las mujeres del 4% después de haber logrado un embarazo mediante relaciones sexuales no protegidas durante los días fértiles de la mujer

Ha de ser tenidos en cuenta a la hora de considerar la relación sexual sin protección como una alternativa válida para conseguir una gestación.

Las relaciones abiertas (método natural) como método reproductivo:

En este caso no se puede garantizar la ausencia de transmisión. Deben hacerse de una forma protocolizada que incluya:

a. Estudio ginecológico (incluido hormonal y ecográfico a la mujer) y estudio al varón (espermiograma) que descarten problemas graves de fertilidad.

b. El miembro infectado de la pareja debe estar tomando TARGA y con carga viral indetectable.

c. Deben restringir las relaciones sexuales no protegidas a los períodos potencialmente más fértiles, que se puede establecer mediante un test de ovulación.

d. Debe hacerse entender a la pareja que se trata de una situación excepcional que sólo debe ocurrir bajo un control médico estrecho.

El lavado seminal

Consiste en separar los espermatozoides (que carecen de receptores para el VIH) del resto de componentes del plasma seminal que sí pueden contener viriones.

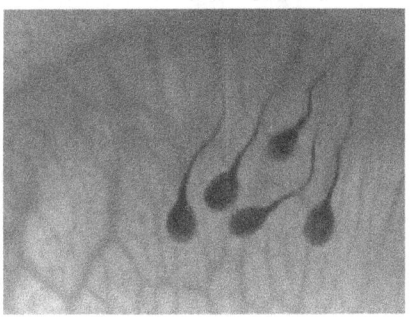

A la muestra de semen se le aplican las técnicas que habitualmente emplean los laboratorios de reproducción asistida para la separación y selección espermática (gradientes de densidad y *swim up*).

A diferencia de lo que se hace habitualmente en otras situaciones, a las muestras de semen con VIH se les aplica las dos técnicas de manera conjunta.

La muestra de espermatozoides obtenida una vez practicado el "lavado seminal" se divide en dos fracciones.

Una de ellas es remitida al laboratorio de microbiología para descartar la presencia de partículas virales post-lavado, tanto en su fracción ADN como ARN, mediante técnicas de reacción en cadena de la polimerasa (PCR).

La otra fracción se utiliza para la práctica de la técnica de reproducción asistida requerida según el caso: inseminación intrauterina (IIU) o fecundación *in vitro* con microinyección espermática (FIV-ICSI).

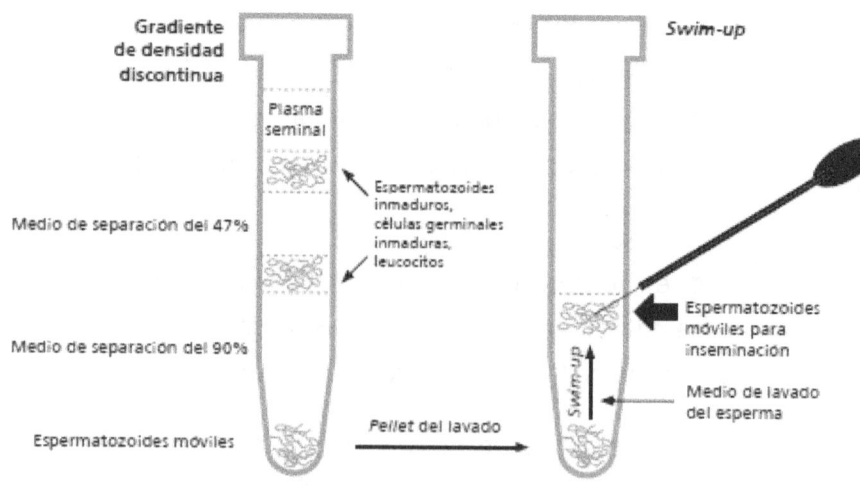

Ilustración 8: Procesamiento del semen mediante lavado seminal.

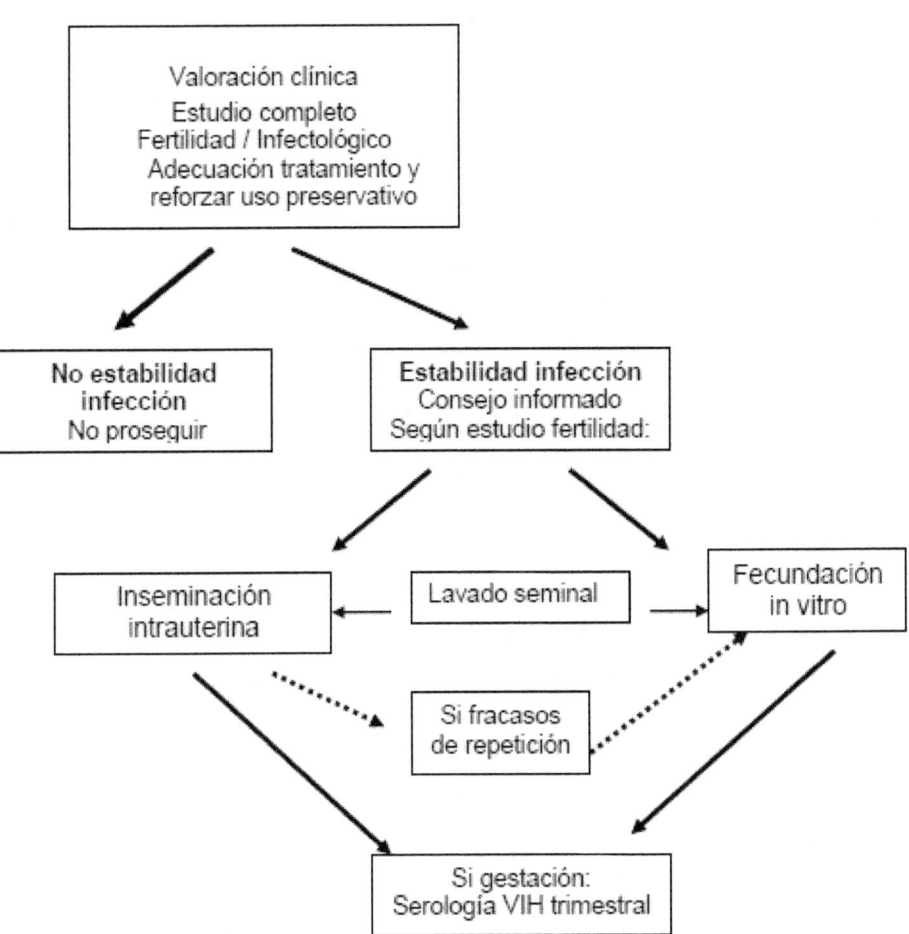

Ilustración 9: Reproducción asistida en parejas serodiscordantes en las que el hombre está infectado por VIH y la mujer no está infectada.

Mujer VIH + (independientemente del estado serológico con respecto al VIH del hombre)

En este caso no deben realizarse de forma sistemática técnicas de reproducción asistida.

Si el hombre es VIH – o existe riesgo de reinfección deben mantener relaciones sexuales con preservativo sin espermicida y vaciar posteriormente el contenido seminal en la vagina.

También pueden obtener el semen por masturbación e inyectarlo en la vagina, mediante jeringa.

Si ambos son VIH+, y llevan un TARV efectivo, no existe riesgo de reinfección, por lo que pueden mantener relaciones sexuales sin protección.

Un estudio de cohortes realizado con 473 mujeres africanas no tratadas estipuló que las pacientes infectadas por el VIH con CD4 bajos presentan una mayor incidencia de alteraciones menstruales y se ha descrito una disfunción ovárica en forma de fallo ovárico primario o resistencia a la estimulación. Además el riesgo de enfermedad pélvica inflamatoria se multiplica por diez.

Recomendaciones de actuación en parejas serodiscordantes:

En el hombre:

- Analítica general y serologías: VHC, VHB y lúes.

- Poblaciones linfocitarias, carga viral.

- Seminograma basal y pruebas de funcionalismo espermático.

- Cultivos uretrales (gonococo, herpes o chlamydia).

- Informe: estado inmunovirológico; TARV previos, cambios y el TARV actual; antecedentes de infecciones oportunistas u otras complicaciones asociadas al VIH; pronóstico del paciente, y otros tratamientos (metadona, ribavirina...)

En la mujer:

• Analítica general pregestacional que incluye serologías VHC, VHB y lúes.

• Revisión ginecológica que incluye citología cervicovaginal, cultivos endocervicales para descartar la presencia de gonococo, herpes o chlamydia y ecografía ginecológica.

• Perfil hormonal basal (FSH, LH, estradiol en el 3º día del ciclo).

• Histerosalpingografía.

El control gestacional debe ser exhaustivo.

Debemos tener en cuenta que en el **diagnóstico prenatal de cromosomopatías** no está contraindicada la amniocentesis, aunque debe asumirse el riesgo de transmisión vertical y deben darse condiciones óptimas de realización:

- TARV
- Carga viral indetectable
- Evitar paso trasplacentario (III,B)
- La biopsia corial sí está contraindicada, con un índice de transmisión vertical del 3% (IV,C)

Las mujeres infectadas por el VIH tienen una tasa de cribados positivos superior a la población general como resultado de la alteración de algunos de los marcadores:

- Cuando los CD4 descienden, la hCG se eleva (falsos positivos por relación inversa).
- Cuando la carga viral aumenta, también lo hace la alfa-fetoproteína AFP (falsos positivos por relación directa).
- La AFP también parece afectarse por la ingesta de inhibidores de las proteasa.

La realización de un test combinado del primer trimestre que incluya la determinación del pliegue nucal, o del segundo trimestre que incluya marcadores ecográficos como el hueso nasal, parecería la estrategia más adecuada a seguir en estas pacientes.

Las estrategias a seguir durante el embarazo deben contemplar un esquema aproximado al siguiente:

1. Primera visita

1. Control obstétrico e infectológico en el que se detallará a la paciente las implicaciones de la infección VIH durante la gestación.
2. Anamnesis completa.
3. Exploración clínica general y obstétrica: peso, talla y tensión arterial.
4. Realización de citología cervicovaginal.
5. Descartar enfermedades de transmisión sexual.
6. Determinar el estadio clínico de la infección por el VIH.
7. Historia de uso de ARV, anterior o actual.
8. Determinaciones analíticas generales de la gestación:
    Grupo sanguíneo y Rh.
    Hemograma y bioquímica para descartar toxicidad por antirretrovirales.
    Serologías: HBsAg, lúes, toxoplasma y rubéola.
    Urocultivo.
9. Determinación analíticas específicas: VHC, citomegalovirus.
10. Estudios específicos de la infección por el VIH:
    Determinación de la carga viral del VIH en plasma.
    Recuento de linfocitos CD4.
11. Ecografía: determinación de la edad gestacional y cribado de malformaciones.
12. Test de cribado de anomalías cromosómicas.

Las cepas resistentes a ZDV tienen un riesgo cinco veces mayor de producir transmisión vertical de VIH, por lo que se recomienda realizar un estudio de resistencias en gestantes no tratadas previamente con TARV, infección aguda por VIH y todos los casos de fracaso de tratamiento.

2. Visitas sucesivas

1. Valoración de las pruebas anteriores.
2. Respetar, después del asesoramiento adecuado, la decisión de la mujer de seguir o no con el embarazo, y de tomar o no antirretrovirales.
3. Iniciar el tratamiento adecuado, según las recomendaciones generales para adulto infectado e individuales para la gestante, considerando el potencial impacto para el feto y el recién nacido.
4. Ofrecer las condiciones óptimas para la realización de la amniocentesis en el caso de que fuera precisa.
5. Control de la carga viral plasmática:
    A los 15 días del inicio del tratamiento antirretroviral.
    Bimensual una vez conseguida una CV indetectable.
    Entre la semana 34 y 36 del embarazo para establecer la posibilidad de un parto por vía vaginal.
    En el momento del parto o inmediatamente después del mismo.
6. Profilaxis de las infecciones oportunistas si los CD4<200 cel/mm^3.
7. Control del bienestar fetal:
    Ecografía y Doppler fetal periódico, cada 4-6 semanas, a partir de la 20ª semana.
    Registro cardiotocográfico a partir de la semana 34-35 y los casos de alteración del estudio Doppler, de bajo peso para la edad gestacional o cuando se considere preciso.
8. Controles seriados de proteinuria, tensión arterial y peso maternos.

En el postparto será necesario realizar:

- Analítica: Hg, Bq, perfil hepático, proteinuria.

- Control de la tensión arterial.

- Carga viral materna y recuento linfocitos CD4.

- Revalorar la necesidad de TARGA si la indicación era únicamente obstétrica.

CAPÍTULO 3:

Prevención de la transmisión vertical y tratamiento antirretroviral

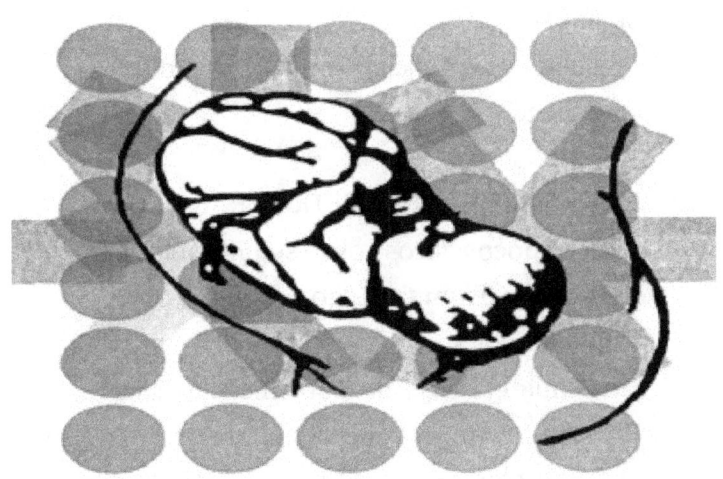

La prevención de la transmisión vertical se compone de dos aspectos principales:

1. INFORMACIÓN ADECUADA A LA GESTANTE
- Informar del beneficio potencial y seguridad de los fármacos antirretrovirales.
- Necesidad de profilaxis para enfermedades oportunistas en la gestación y en el periodo nenonatal (mejor estado posible para cuidar a su hijo).
- Posibilidad de solicitar interrupción del embarazo.

2. TRATAMIENTO ANTIRRETROVIRAL
- Existen pocos datos sobre seguridad en el embarazo: estimar riesgo-beneficio.
- Los objetivos son:
- Disminuir el riesgo de transmisión vertical.
- Prolongar y mejorar la calidad de vida.
- Disminuir los niveles de carga viral a niveles indetectables.
- Preservar o restaurar la función inmune.

En España, la tasa de transmisión esperable en condiciones óptimas es inferior al 1%.

EL TRATAMIENTO ANTIRRETROVIRAL (TARV)

El VIH fue descrito como tal por primera vez en 1982, pero no fue hasta el año 1994 cuando se encontró un tratamiento eficaz para hacerle frente. Este se conoce como Zidovudina (ZDV) o Azidotimidina (AZT)

Su uso en el embarazo, parto y puerperio reduce la tasa de transmisión vertical (T.V.) del 25,5% al 8,3%.

Un estudio no randomizado demostró que asociar ZDV con Lamivudina (3TC) consiguió tasas de T.V. del 1,6%

En 1996 comienza a usarse el TARGA: *"terapia antirretroviral de gran actividad"*

Hoy en día la tasa de T.V. es inferior al 1%.

La cesárea electiva de rutina ha sido descartada por malos resultados maternos en comparación con el riesgo de T.V. tan bajo, ya que no se logra un efecto protector.

El TARV está Indicado en todas las gestantes independientemente de la Carga Viral Plasmática (CVP). Se ha demostrado que los beneficios superan a los riesgos potenciales. El objetivo es conseguir una CVP indetectable.

El TARGA mejora la salud de la mujer además de evitar la TV.

El tratamiento de elección está compuesto por 2 análogos de nucleósido más 1 inhibidor de la proteasa. P. ej: Zidovudina + Lamivudina + Lopinavir (+ritonavir).

La elección de los fármacos concretos se basará en el estudio de resistencias, en la seguridad de los fármacos y en su facilidad de cumplimiento.

Los cambios en el TARGA durante la gestación se basarán en la seguridad, los efectos adversos y la eficacia.

Si no se ha realizado tratamiento previo a la concepción, este debe comenzar en el segundo trimestre (10-14 semanas)

Si existía TARGA en el momento de la concepción, no deben suspenderlo si no es por indicación médica.

En el caso de necesitar suspender la medicación por algún motivo, debe suspenderse toda la medicación antirretroviral simultáneamente, para evitar el desarrollo de resistencias.

Existe una necesidad real de lograr una buena adherencia al tratamiento a fin de disminuir la CVP e impedir el desarrollo de resistencias.

Debemos pues escoger un tratamiento efectivo ante la T.V., sin efectos teratógenos y con la mínima toxicidad.

Siempre debemos tener en cuenta las variaciones farmacocinéticas durante el embarazo.

En casos de cesárea programada en pacientes con Estavudina (D4T) durante la gestación, se debe suspender la dosis matutina el día de la cesárea y reemplazarla por ZDV intravenosa.

Existen en nuestro medio tres grupos de antirretrovirales últiles:

1. ITIN: inhibidores de la transcriptasa inversa nucleósidos (también se conocen como ITIAN e ITIANt: A: Análogos; Nt: Nucleótidos)

2. ITINN: inhibidores de la transcriptasa inversa NO nucleósidos.

3. IP: inhibidores de la proteasa.

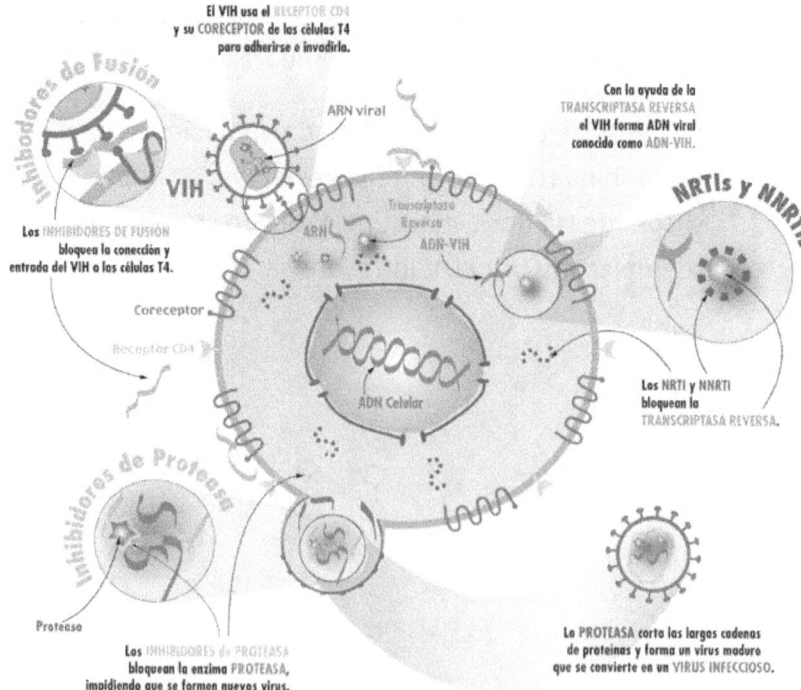

ITIN: Inhibidores de la transcriptasa inversa nucleósidos.

ZIDOVUDINA y LAMIVUDINA

- Atraviesan la barrera placentaria.
- No son teratogénicos en animales, bien tolerado en la gestación.
- Pueden producir disfunciones mitocondriales y manifestarse como:
- Cardiomiopatía
- Neuropatía
- Acidosis láctica
- Pancreatitis
- Esteatosis hepática
- No se han demostrado efectos sobre el crecimiento o desarrollo fetal intraútero.
- Pueden confundirse sus manifestaciones con el síndrome HELLP
- Debemos evitar la asociación de estavudina y didanosina (d4T+ddI), ya que se han dado casos de muerte materna por acidosis láctica.
- Es fundamental controlar la función hepática, enzimas pancreáticos y ácido láctico durante toda la gestación.

ITINN: Inhibidores de la transcriptasa inversa no nucleósidos

- Atraviesan la barrera placentaria.
- Debemos evitar el tratamiento con Efavirenz, ya que produce malformaciones graves de Sistema Nervioso Central fetal.
- La NEVIRAPINA es muy eficaz en pautas ultracortas o combinadas.
- Existe riesgo de hepatotoxicidad y rash cutáneo si se inicia el tratamiento con CD4 mayores a $250/mm^3$
- Debemos monitorizar la función hepática los primeros meses.

IP: Inhibidores de las proteasas

- El paso transplacentario es mínimo.
- No parecen ser teratogénicos.
- Favorecen las alteraciones del metabolismo de los carbohidratos, por lo que aumentan el riesgo de padecer diabetes gestacional.
- El tratamiento con NELFINAVIR es una alternativa a la nevirapina si los CD4 son mayores a $250/mm^3$
- También son buenas alternativas lopinavir y saquinavir, ambos potenciados con ritonavir

	Recomendados	Alternativos*	No recomendados por falta de datos en la gestación	Contra-indicados
Inhibidores de la Transcriptasa Inversa Análogos de Nucleósidos (ITIAN) Y Inhibidores de la Transcriptasa Inversa Análogos de Nucleótidos (ITIANt)	Zidovudina (ZDV) Lamivudina (3TC)	Didanosina (DDI) Abacavir (ABC) Estavudina (D4T)	Emtricitabina (FTC) Tenofovir (TDF)[2]	D4T+DDI[1] Zalcitabina (DDC)
Inhibidores de la Transcriptasa Inversa No Nucleosidos (ITINN)	Nevirapina (NVP)[3] CD4 < 250 cel/µl			Efavirenz (EFV)[4]
Inhibidores de la Proteasa (IP)		Nelfinavir (NFV) 1250/12h Saquinavir/ Ritonavir (SQV/RTV) 1000/100 12h Lopinavir/ Ritonavir (LPV/RTV) 400/100	Indinavir/ Ritonavir (IND/RTV) 400/100[5]	Atazanavir/ Ritonavir (ATV/RTV)[5] Fosamprenavir/ Ritonavir (FPV/RTV) Tipranavir/ Ritonavir (TPV/RTV)
Inhibidores de la Fusión			Enfuvirtida (T-20)	

Ilustración 10: Recomendaciones para el uso de fármacos antirretrovirales en el embarazo.

*Usar cuando no puedan utilizarse los fármacos de 1ª elección. [1]Riesgo de acidosis láctica grave. [2]Riesgo potencial de alteraciones renales óseas y del metabolismo calcio-fósforo en animales, a dosis muy elevadas. No hay datos durante la gestación. [3]Mayor riesgo de hepatotoxicidad en gestantes coinfectadas por VHC, VHB o linfocitos CD4> 250 cel/mm3. [4]Categoría D, teratógeno. [5]Hiperbilirrubinemia, riesgo potencial de kernicterus. En adultos se ha descrito un aumento de la bilirrubina no conjugada con el uso de este fármaco.

Las mujeres VIH + tienen mayor riesgo de abortos espontáneos, muerte fetal intraútero y crecimiento intrauterino retardado (CIR).

El uso de TARV aumenta la tasa de prematuridad cuando ha sido combinado con IP.

Los antirretrovirales no se asocian a mayor tasa de malformaciones ni varían la frecuencia de aparición de éstas, pero sí se asocian a mayor riesgo de preeclampsia y a muerte fetal intraútero.

No se aconseja la interrupción del TARV durante las primeras semanas de gestación en aquellas mujeres que vienen siguiéndolo, dada la alta capacidad de replicación del virus.

Debe suspenderse el TARV ante la presencia o sospecha de **efectos adversos relacionados con la medicación:**

- acidosis láctica
- síndrome HELLP
- preeclampsia
- otras entidades que supongan un grave riesgo para la madre-feto

La suspensión se mantendría hasta la **resolución de los motivos** que la han causado y obligaría a una nueva y cautelosa valoración del empleo de otros fármacos durante las últimas semanas del embarazo.

TARV intraparto/cesárea

- No suspender la administración oral de TARGA.
- Añadir ZDV IV hasta ligar el cordón.
- En ausencia de tratamiento durante la gestación administrar ZDV + lamivudina + nevirapina.

PAUTA ACTG 076: 2 mg/kg inicial (1ª hora) + 1 mg/kg/h

→ *Preparación y administración de ZIDOVUDINA (ZDV o AZT) intravenosa (vial de 200 mg en 20 ml):*
- No administrar en bolo IV directo, IM ni subcutánea.
- Perfusión IV intermitente: la dosis necesaria deberá diluirse con SG5% para obtener una concentración final de zidovudina de 2 mg/ml o de 4 mg/ml y administrar en 1 h.
- Perfusión IV continua: diluir la dosis prescrita en SG5% (la concentración no debe ser superior a 4 mg/ml). La pauta consiste en una

dosis de carga de 2mg/kg de peso de la paciente durante el parto y la fase expulsiva. Debe administrarse en 60 minutos. La dosis de mantenimiento es de 1mg/kg/h hasta el clampaje del cordón. En cesárea programada, empezar la infusión 4 h antes de la operación. Si el parto no se inicia realmente, interrumpir la infusión y reiniciar el tratamiento oral.

La dilución es estable durante 48 h a temperatura de entre 5º y 25ºC.

Forma de preparación (solución de 2 mg/ml): extraer 50 ml (500 mg) de los viales de AZT (50 ml = 2 viales y ½) y añadir a un SG5% de 250 ml. Este suero se puede guardar 24 h a temperatura ambiente o 48 h en frigorífico.

El principio activo es fotosensible y no debe mezclarse con otros medicamentos.

TARV en el Recién Nacido

ZDV oral: iniciar durante las 6-8 primeras horas en:

- Madres que tienen un riesgo bajo de transmitir el VIH y han recibido por ello monoterapia con ZDV, habiendo dado a luz por cesárea electiva.
- Han realizado TARGA con control de la replicación viral en el momento del parto.

PAUTA ACTG 076: 2 mg/kg/6 horas durante 4-6 semanas
Ó
4 mg/Kg (solución oral, 10 mg/ml)/12 horas. Si el niño no tolera la vía oral, la dosis de ZDV por vía intravenosa es de 1,5 mg/Kg/ 6 horas.

REACCION DE AMPLIFICACION GENOMICA POR REACCION EN CADENA DE LA POLIMERASA (PCR)

Se recomienda realizar una prueba de identificación del genoma del VIH al nacer (antes de las 48 horas de vida, para diferenciar la infección intraútero de la infección intraparto), a las 2 semanas, 6 semanas (2 semanas después de interrumpir la profilaxis), y en ocasiones especiales a los 3-6 meses. Si las determinaciones del genoma del VIH, realizadas según se ha indicado, resultan negativas podrá informarse a la familia que la infección por el VIH se ha descartado.

TARV EN PREMATUROS:

- Edad Gestacional <37 semanas: 2 mg/Kg de ZDV oral o 1,5 mg/Kg intravenosa, cada 12 horas, aumentando la dosis a 2 mg/Kg (oral) cada 8 horas a las dos semanas de vida.
- Edad Gestacional <30 semanas: se mantendrá el intervalo de dosificación cada 12 horas durante las primeras 4 semanas.

En los niños expuestos prenatalmente a estavudina, puede plantearse la necesidad de no utilizar zidovudina, debido al metabolismo competitivo entre ambos fármacos. La dosis neonatal de estavudina es de 0,5 mg/Kg/12 horas.

El tratamiento COMBINADO se usará en:

- Recién nacidos de madres infectadas por el VIH identificadas en el post-parto o que no han realizado profilaxis con ZDV o tratamiento de la infección por el VIH.
- Parto de riesgo (parto vaginal con rotura prolongada de membranas y sangrado, especialmente si la madre está inmunodeprimida con CD4<200/mm3).

- Parto prematuro cuando se desconozca la CVP de la madre o cuando la duración del tratamiento y/o profilaxis sea inferior a 2 semanas.
- Madre infectada en tratamiento sin supresión de la replicación viral (CVP superior a 1.000 copias/ml RNA-VIH).

Lo Fármacos de elección:

- Zidovudina: iniciar precozmente antes de las 12 horas, idealmente a las 6 horas de vida.
- Lamivudina: dosis de 2 mg/Kg/12 horas por vía oral
- Nevirapina:
  - madre sin este fármaco durante el parto: 2 dosis de 2 mg/Kg (1ª dosis a las 12h y 2ª a las 72h).
  - madre con nevirapina durante el parto: una única dosis del fármaco a las 48-72 horas.

Pauta de 4 semanas:

- 1ª semana: ZDV + lamivudina + nevirapina a 2 mg/Kg/día. Desde 5º día a 4 mg/Kg/día.
- 2ª semana: ZDV + lamivudina + nevirapina a 4 mg/Kg/día (día 8 al 14).
- 3ª y 4ª semanas: ZDV + lamivudina.

CAPÍTULO 4:

El papel de la matrona: cuidados generales y psicológicos. Lactancia materna.

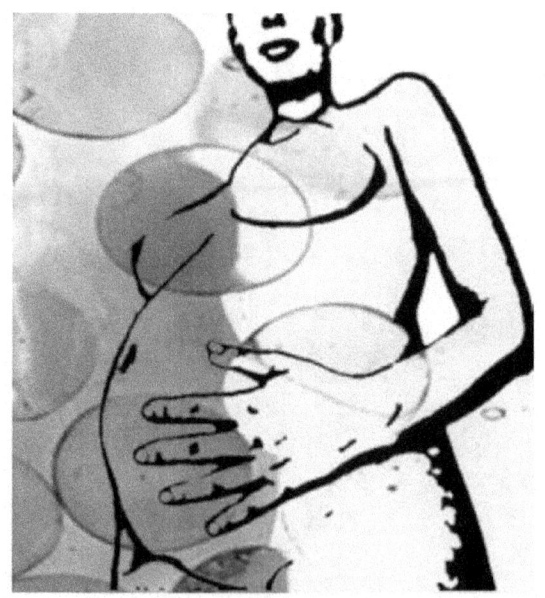

CUIDADOS GENERALES:

Serán los mismos que los que recomendamos a cualquier mujer embarazada:

- Medidas habituales limpieza personal, de manos, de ropas y sobre todo de la zona genital.

- Alimentación:

Rica en alimentos frescos como verduras y frutas, pero teniendo cuidado de que estén bien cocidos y lavados o pelados.

No debe tomar carne poco hecha y deberá tomar una cantidad suficiente de leche o derivados, 2-3 tres tomas al día.

- Evitará el contacto con enfermos que presenten enfermedades transmisibles en lo posible y sobre todo con niños con erupciones de la piel como varicela, rubeola etc.

- Evitará el contacto directo con animales, principalmente con gatos y deberá de acudir al médico si tiene síntomas de cualquier infección.

Un estilo de vida sano con ejercicio moderado, tal como dar largos paseos en días soleados, no tomar alcohol ni otras drogas, no fumar.

Recomendaciones especiales

1. Cuando existan alteraciones en la cavidad bucal:

- Adecuar la consistencia de la dieta (blanda o líquida) a la tolerancia del paciente.
- Aumentar las calorías en los alimentos líquidos.
- Evitar los alimentos irritantes, picantes o ácidos.
- Evitar los alimentos que puedan causar lesiones en la cavidad bucal.
- Evitar las comidas calientes.
- Permitir pequeñas cantidades de líquidos acompañando a las comidas.

2. Para prevenir las infecciones de origen alimentario:

- Lavarse las manos y fregar los utensilios antes de manipular los alimentos.
- Evitar huevos, carne o pescado crudos o poco hechos.
- Lavar bien las frutas y verduras y, a poder ser, pelarlas.
- Preparar y servir los platos inmediatamente antes del consumo.
- Descongelar los alimentos dentro de la nevera o en el microondas.

CUIDADOS PSICOLÓGICOS

El afrontamiento del diagnóstico de VIH provocará reacciones iniciales como temor, conmoción y culpa.

Debemos considerar a la mujer en su rol de género, y atender a las desigualdades sociales, culturales y económicas.

Las reacciones tardías abarcan depresión, aislamiento, trastornos de ansiedad y de la imagen corporal, déficit de asertividad, de autoestima y de autocuidado, autoabandono, autoculpabilización y negación de un proyecto de vida.

Todo esto puede llevar a la mujer a sufrir estigmatización y discriminación, con la consecuente repercusión de amenaza hacia su autoconcepto y esto verse manifestado como un proceso continuo de estrés físico y psicológico.

La mujer debe aprender a gestionar su vida, pero puede encontrarse con problemas tales como: desinformación sobre la infección, desorientación respecto a las posibilidades de ayudas, desconocimiento del propio cuerpo, miedo y desórdenes psicológicos, sexuales y de relación

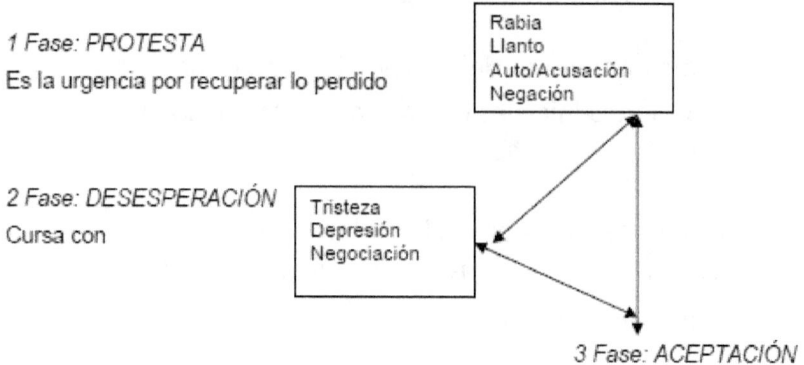

1 Fase: PROTESTA
Es la urgencia por recuperar lo perdido

2 Fase: DESESPERACIÓN
Cursa con

3 Fase: ACEPTACIÓN
Aparece cuando se es capaz de elaborar el duelo

La elaboración del duelo no lleva a la recuperación de lo perdido, sino a poder afrontar sus relaciones con el mundo exterior con una *confianza básica* mayor[3]. (Grafico 3)

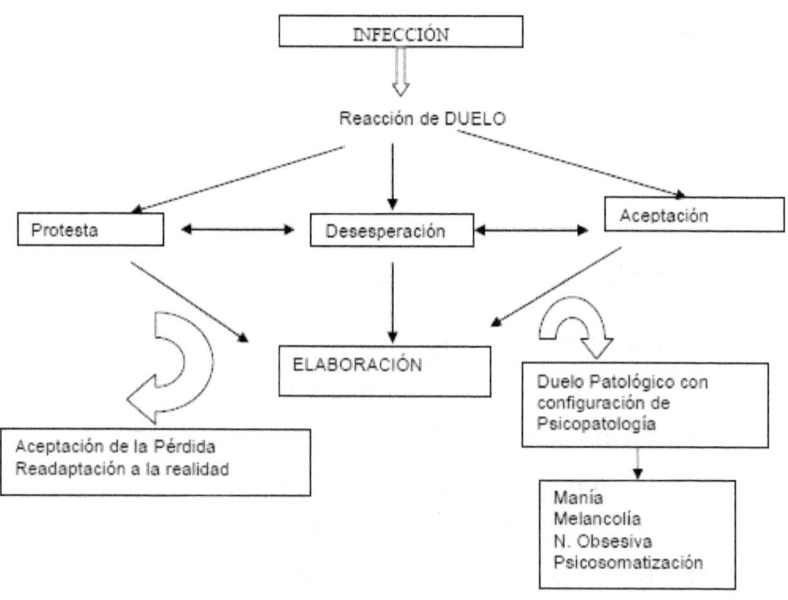

- EL SUICIDIO

1.- Patogenia (Gráfico 4)

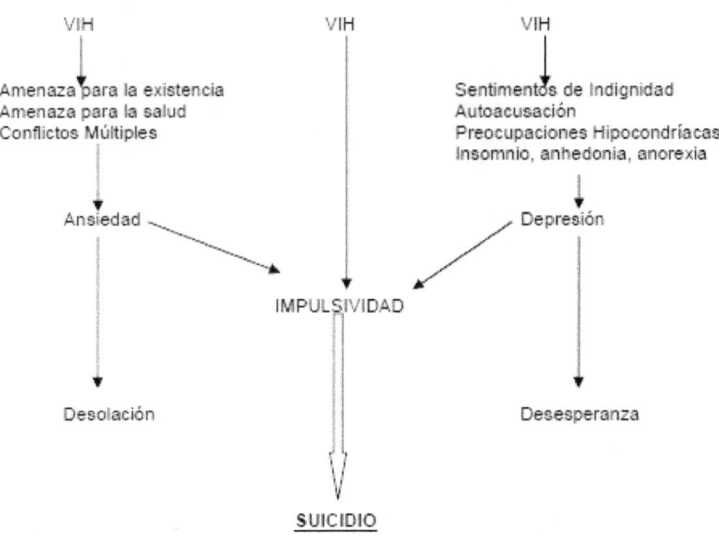

Ilustración 11: Fases emocionales de afrontamiento ante la infección por VIH.

Debemos realizar un abordaje multidisciplinar para lograr darle una información útil, apoyo, capacitarla para su nueva vida, ayudarla a aprovechar sus recursos internos y a elaborar un nuevo proyecto de vida.

HERRAMIENTAS

- Trabajar la culpa
- El autoconocimiento
- La autoestima
- La autoimagen
- La percepción de autoeficacia
- Grupos de apoyo

2.2 DIRECTRICES GENERALES PARA LA ASISTENCIA PSIQUIÁTRICA DE PACIENTES VIH/SIDA. American Psychiatric Association. (APA 2006)[1]

- Establecer un vínculo terapéutico
- Coordinación entre facultativos
- Diagnóstico de patología psiquiátrica asociada
- Psicoeducación como parte integrante del tratamiento respecto a trastornos psicológicos, neuropsiquiátricos y VIH
- Proporcionar estrategias de reducción de conductas de riesgo
- Trabajar la adaptación psicológica y social
- Trabajar sobre la incapacidad, agonía y muerte
- Asesorar e informar a familia y/o allegados
- Garantizar la confidencialidad
- Enfoque biopsicosocial
- Educación emocional y resolución de conflictos
- Adaptación a las condiciones culturales diferentes de los usuarios
- Tratamiento psiquiátrico

LACTANCIA MATERNA

Está demostrado el riesgo de contraer VIH es mayor en recién nacidos que toman lactancia materna:

En 1992 Dunn y cols. expusieron que había un riesgo añadido del 14%; y un riesgo directo en fase aguda del 29% de infección por VIH con la lactancia materna.

En 2000 Nduati y cols. demostraron que la frecuencia acumulativa de transmisión era del 36,7% a los 2 años (vs 20,5% alimentados con fórmula).

En 2004 Coutsoudis y cols. con su metaanálisis explicaron que el riesgo acumulativo de que el recién nacido contrajera la infección por VIH era del 9,3% a los 18 meses de lactancia materna.

- Mayor carga viral plasmática del VIH
- Mayor carga viral del VIH en la leche materna
- Mayor deterioro inmunológico de la madre
- Presencia de mastitis
- Lesiones sangrantes en los pezones

Ilustración 12: Factores que han demostrado aumentar el riesgo de transmisión del VIH asociado a la lactancia materna.

Por tanto, podemos aconsejar contraindicar la lactancia materna en madres VIH en países desarrollados.

El TARGA disminuye la excreción de HIV-1 RNA; pero NO tiene efecto sobre el VIH-1 DNA en leche materna.

CAPÍTULO 5:

El SIDA y el parto, la amenaza de parto pretérmino y la rotura prematura de membranas

Cuando planeamos la elección de la vía del parto de una mujer VIH + debemos tener por objetivo garantizar el mínimo riesgo de TV y la mínima morbilidad materno-fetal.

Es necesario implicar a la madre y al equipo médico en la decisión.

Siempre debemos tener en cuenta:

- La carga viral.
- La eficacia de cesárea electiva.
- El uso de TARV durante la gestación.
- Los deseos de la paciente.
- Las condiciones cervicales.
- La integridad de las membranas amnióticas.

El *parto vaginal* será de elección cuando:

- La gestación sea de más de 36 semanas.
- Haya un buen control gestacional.
- Haya un buen cumplimiento terapéutico.
- La viremia sea menor de 1000 copias/ml
- Se haya tratado con TARV combinado.

La *cesárea electiva* se realizará cuando:

- La gestación sea inferior a 36 semanas.
- La gestante no haya sido tratada con TARV o tenga carga viral desconocida.
- La gestante hay sido tratada con monoterapia con Zidovudina.
- La gestante se haya tratado con tratamiento combinado pero la viremia sea mayor de 1000 copias/ml.
- Haya necesidad de inducir el parto.
- La gestante no acepte un parto por vía vaginal.

La *cesárea intraparto* se realizará cuando:

- Exista una amniorrexis prolongada.
- Se prevea que el parto va a ser prolongado.
- Se obtenga una monitorización fetal patológica (está contraindicada la microtoma de calota fetal).

VIH Y ANESTESIA:

Valoración preoperatoria

- Además del preoperatorio habitual, hay que valorar de forma especial la trombocitopenia, la anemia y la función cardíaca.

La anestesia general es de elección cuando existe:

1. Enfermedad neurológica activa o potencialmente progresiva.

2. Cefalea habitual, ya que la causa puede ser una meningitis aséptica y las técnicas regionales pueden añadir la posibilidad de una meningitis bacteriana.

3. Procesos cerebrales expansivos, por el peligro de herniación tras la punción dural.

4. Mielopatía vacuolar, dado que las manifestaciones clínicas de esta entidad podrían atribuirse a la técnica regional empleada.

- El resto de las entidades neurológicas quizás obtengan mayor beneficio utilizando técnicas locorregionales.

La incidencia de neumonías bacterianas nosocomiales en pacientes intubados con sida no es superior a la de pacientes intubados sin infección por VIH.

El manejo de la vía aérea puede ser complejo, encontrándose cierta dificultad para la intubación endotraqueal, por tanto, es aconsejable evitar la anestesia general con intubación endotraqueal en favor de las técnicas locorregionales

Anestesia regional (de elección)

Un estudio prospectivo 18 parturientas seropositivas con bloqueo espinal demostró que no existía mayor riesgo de abscesos epidurales, por lo que podemos clasificarla como una técnica segura.

Los abscesos epidurales son muy raros y se relacionan con el uso crónico de catéteres para el tratamiento del dolor.

Los parches hemáticos tras punción dural accidental deben hacerse con sangre autóloga o SSF.

Gherson et al. Llevó a cabo una revisión de 96 parturientas VIH (+), 36 de ellas con anestesia regional, y no encontró alteraciones clínicas ni inmunológicas.

Si existe infección sistémica o local en el lugar de punción (bacteriemia) está contraindicada.

Se ha descrito casos de neurotoxicidad de anestésicos locales con "denervación" muscular (bupivacaína) reversibles en 2 semanas.

El síndrome de Guillaim-Barré tras bloqueo epidural continuo con catéter mejoró tras infusión continua de bupivacaína

En la encefalopatía por VIH está indicada la anestesia regional, ya que la reducción de la función neuronal enlentece la recuperación de una anestesia general.

CONSIDERACIONES ESPECIALES CON GRADO DE RECOMENDACIÓN "C"

Se debe determinar la carga viral entorno a las 34-36 semanas de gestación para establecer vía del parto

Debemos mantener las membranas íntegras tanto como sea posible, y evitar maniobras invasivas intraparto como: monitorización interna fetal, amniorrexis artificial, parto instrumental y episiotomía

En la cesárea se administrará antibioterapia profiláctica tras pinzar el cordón

Debemos ligar el cordón lo antes posible: no realizar pinzamiento tardío. Lavar al recién nacido inmediatamente tras el parto.

Las mujeres no tratadas previamente deben tratarse con una pauta intraparto de TARV con nevirapina+ zidovudina y lamivudina para reducir la aparición de resistencias (de un 60% si se utiliza monoterapia con una única dosis de nevirapina intraparto a 10-12% si el tratamiento es combinado). Continuar a las dosis habituales, hasta que la paciente pueda ser evaluada por el infectólogo.

VIH Y AMENAZA DE PARTO PRETÉRMINO

Prevención

• Ofrecer buenos cuidados prenatales. (Nivel B).

• Realizar despistaje de infecciones vaginales: vaginosis bacteriana, mediante cultivos (Nivel C).

• Aconsejar la reducción del consumo de tóxicos (tabaco, alcohol y otras sustancias de abuso). (Nivel B).

• Alcanzar un buen estado nutricional durante la gestación. (Nivel B).

• En caso de cirugía previa en el cuello uterino (alta incidencia de displasias en mujeres infectadas), evaluar su competencia en el primer trimestre de la gestación y valorar la necesidad de un cerclaje. (Nivel C).

• En las gestantes seropositivas se recomienda un inicio más precoz de los controles semanales, mediante monitorización fetal y tacto vaginal, comenzando alrededor de la semana 34-35. (Nivel C).

Diagnóstico y tratamiento

- Seguir las pautas habituales para la población general, incluido el uso de corticoides salvo en presencia de infección severa (corioamnionitis, tuberculosis). (Nivel B).

- Profilaxis antibiótica si existen indicaciones generales (presencia de rotura prematura de membranas, colonización vaginal por estreptococo del grupo B o cuadro infeccioso específico). (Nivel B).

- Si contracciones regulares (aun sin modificación cervical), administración de tratamiento tocolítico + ZDV IV 2 mg/kg/hora durante la primera hora seguida de 1 mg/kg/hora hasta que ceda la dinámica. (Nivel C).

- Si no se consigue frenar el cuadro y se desencadena el parto y/o se produce la rotura de la bolsa amniótica, y no se dan las condiciones apropiadas para un parto vaginal, se ha de proceder a realizar una cesárea con la suficiente antelación. (Nivel C).

VIH Y ROTURA PREMATURA DE MEMBRANAS

- El riesgo de TV aumenta en un 2% por cada hora que la bolsa permanece rota en mujeres con menos de 24 horas de rotura

EDAD GESTACIONAL	TRATAMIENTO	COMENTARIOS
Inferior a 22 semanas	Conservador	Valorar la oferta de IVE función de las circunstanc de cada caso.
22-30 semanas	Conservador Iniciar/proseguir TARGA Antibioterapia profiláctica Maduración pulmonar	Las complicaciones de prematuridad sev sobrepasan el riesgo transmisión vertical.
30-34 semanas	Iniciar/proseguir TARGA Antibioterapia profiláctica Maduración pulmonar Valorar finalizar gestación	Se aconseja realizar cesá por el mayor riesgo transmisión vertical asociad la prematuridad.
Superior a 34 semanas	Finalizar gestación	En gestaciones de 36 o n semanas se puede inducir parto vaginal.

Si el índice de Bishop es mayor o igual 6 y si no está contraindicado el parto vaginal, se realizará una estimulación con oxitocina. En caso contrario, se realizará una cesárea. (Nivel C). En gestantes a término con RPM se aconseja llevar a cabo una inducción inmediata del parto si el índice de Bishop es favorable y si no está contraindicado el parto vaginal. (Nivel C).

CAPÍTULO 6:

VIH en la gestación y coinfección por VHC y VHB

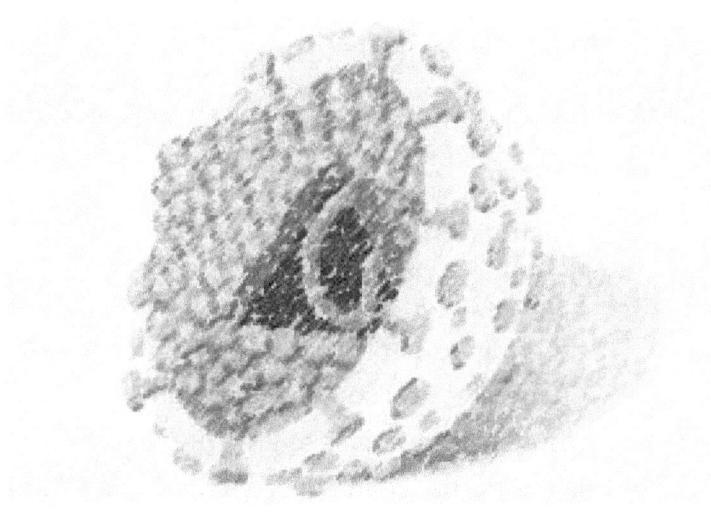

VIH +VHC

La transmisión vertical de Virus de la Hepatitis C es del 6% en mujeres VIH -; mientras que alcanza el 15 % en mujeres VIH +.

La transmisión puede ser vía transplacentaria o intraparto.

El riesgo de transmisión vertical es directamente proporcional a la viremia materna y a la instrumentación del parto

El TARV disminuye el riesgo de transmisión vertical de VHC.

Recomendaciones

- Realizar, a todas las gestantes, una determinación de anticuerpos frente al VHC. Cuando los CD4 son muy bajos no hay respuesta serológica al VHC, por lo que debemos hacer una determinación de viremia plasmática de virus C (nivel C)

- Una determinación de viremia plasmática VHC cuantitativa, preferiblemente cercana al parto (principal factor de riesgo para la transmisión) (Nivel C).

- Sebe administrase tratamiento de la hepatitis C previa a la gestación (Nivel C). El uso de interferón y ribavirina es teratogénico (Nivel A) y se debe esperar un mínimo de 6 meses tras la finalización del tratamiento antes de intentar el embarazo (Nivel C).

- Debemos conocer la viremia plasmática del VHC y evitar partos prolongados o con mucha instrumentalización (Nivel C).

- No hay aún datos suficientes para indicar la cesárea electiva de manera general sólo en función de la infección materna por el VHC (Nivel C).

VIH + VHB

La transmisión transplacentaria del VHB es frecuente si la madre tiene una infección aguda muy próxima al parto o si es una portadora crónica del HBsAg.

En el caso de mujeres con HBeAg (+), la incidencia de transmisión de VHB a sus niños es cercana al 90%.

El riesgo se reduce al 40% en mujeres que son HBeAg (-), sin embargo, puede incrementarse en las mujeres con alto nivel de viremia (no definido).

PREVENCIÓN: vacunar a los niños nada más nacer. En los niños nacidos de madres con viremia plasmática para el VHB, independientemente de que el HBeAg sea positivo o negativo, también se debe indicar la inmunización pasiva con inmunoglobulinas específicas anti-VHB.

Inmunoprofilaxis	Madre HBsAg (+)	Madre HbsAg desconocido[1]	Madre HbsAg (-)
IG anti-hepatitis B[2]	En las primeras 12h tras el nacimiento.	Tan pronto como sea posible (1ª semana) si la madre es HBsAg (+).	No es necesario.
Vacuna para hepatitis B[3]	Al nacer, al mes y a los 6 meses de vida[4]	Si madre HBsAg (+): ver columna anterior. Si madre HBsAg (-): según calendario vacunal.	Según calendario vacunal.

[1] Realizar serología del VHB a la madre tan pronto como sea posible.
[2] Dosis de inmunoglobulina frente al VHB: 0,5 ml IM, administrado en sitio diferente a la vacuna
[3] Dosis de vacuna: 0,5 ml IM o Recombivax 5 mcg o Engerix-B 10 mcg.
[4] A la edad de 12-18 meses se recomienda determinar la presencia de anti HBbsAg para confirmar si han respondido a la vacunación.

Ilustración 13: Recomendaciones a seguir para la prevención de la transmisión vertical del VHB.

BIBLIOGRAFÍA

1. Virus de Inmunodeficiencia Humana y Síndrome de Inmunodeficiencia Adquirida (VIH Y SIDA). Confederación Internacional de Matronas. Consejo de Glasgow, 2008.

2. Tratamiento farmacológico e la infección por VIH. Dr. D. Juan Pasquau Liaño, Facultativo Especialista de Área de la Unidad de Enfermedades Infecciosas, Servicio de Medicina Interna. Hospital Virgen de las Nieves. Granada.

3. Situación actual del SIDA. Proyecto Evalúa+. SidaEstudi. Barcelona, Diciembre 2010.

4. Oliva G, Pons JMV. Lavado de semen en parejas VIH serodiscordantes para su uso en técnicas de reproducción humana asistida. Barcelona: Agència d'Avaluació de Tecnologia i Recerca Mèdiques. CatSalut. Departament de Salut. Generalitat de Cataluña. Septiembre de 2004.

5. *Tudor Car L, van-Velthoven M, Brusamento S, Elmoniry H, Car J, Majeed A, Atun R.* Integración de los programas de prevención de

la transmisión vertical del VIH (PMTCT) con otros servicios sanitarios para la prevención de la infección por el VIH y la mejoría de los resultados del VIH en los países en desarrollo (Revisión Cochrane traducida). Cochrane Database of Systematic Reviews 2011 Issue 6. Art. No.: CD008741. DOI: 10.1002/14651858.CD008741

6. Rueda S, Park-Wyllie LY, Bayoumi AM, Tynan AM, Antoniou TA, Rourke SB, Glazier RH. Educación y apoyo al paciente para promover el cumplimiento del tratamiento antirretroviral de gran actividad para el VIH/SIDA (Revisión Cochrane traducida). En: *La Biblioteca Cochrane Plus*, 2008 Número 2. Oxford: Update Software Ltd. Disponible en: http://www.updatesoftware.com. (Traducida de *The Cochrane Library*, 2008 Issue 2. Chichester, UK: John Wiley & Sons, Ltd.).

7. Read JS, Newell ML. Eficacia y seguridad del parto por cesárea para la prevención de la transmisión maternoinfantil del VIH-1 (Revisión Cochrane traducida). En: *La Biblioteca Cochrane Plus*, 2008 Número 2. Oxford: Update Software Ltd. Disponible en:

http://www.update-software.com. (Traducida de *The Cochrane Library*, 2008 Issue 2. Chichester, UK: John Wiley & Sons, Ltd.).

8. *Eke A, Oragwu C.* Lavado de espermatozoides para prevenir la transmisión del VIH en hombres con infección por el virus pero permitiendo la concepción en parejas serodiscordantes (Revision Cochrane traducida). Cochrane Database of Systematic Reviews 2011 Issue 4. Art. No.: CD008498. DOI: 10.1002/14651858.CD008498

9. *Anglemyer A, Rutherford G, Baggaley R, Egger M, Siegfried N.* Tratamiento antirretroviral para la prevención de la transmisión del VIH en parejas serodiscordantes (Revision Cochrane traducida). Cochrane Database of Systematic Reviews 2011 Issue 8. Art. No.: CD009153. DOI: 10.1002/14651858.CD009153

10. Panel de expertos de GESIDA y Plan Nacional sobre el Sida. Prevención de las infecciones oportunistas en pacientes infectados por el VIH. 2008.

11. Panel de expertos de GESIDA y Plan Nacional sobre el Sida. Tratamiento de las infecciones oportunistas en VIH en la era del TARGA. 2008.

12. Recomendaciones de la Secretaría del Plan Nacional sobre el Sida (SPNS), el Grupo de Estudio de Sida (GeSida/SEIMC), la Sociedad Española de Ginecología y Obstetricia (SEGO) y la Asociación Española de Pediatría (AEP) para el seguimiento de la infección por el VIH con relación a la reproducción, el embarazo y la prevención de la transmisión vertical. Diciembre 2007.

13. Documento de consenso de Gesida/Plan Nacional sobre el Sida respecto al tratamiento antirretroviral en adultos infectados por el virus de la inmunodeficiencia humana. Enero 2010.

14. El VIH durante el embarazo, el parto y después del parto *Información de salud para las mujeres embarazadas infectadas por el VIH*. Servicio de Salud Pública de los Estados Unidos. *Mayo 2009.*

15. Guía práctica sobre embarazo en mujeres infectadas por el virus de la inmunodeficiencia humana (VIH). Febrero 2008.

16. Estadísticas Sanitarias Mundiales de la OMS. 2010.

19. Guía para la Administración Segura de Medicamentos Vía Parenteral. Servicio de Farmacia Hospitalaria. Hospital Juan Ramón Jiménez, Huelva. Mayo 2011.

20. MP Bermúdez, I Teva. Situación actual del SIDA en España: análisis de las diferencias entre comunidades autónomas. Int J Clin Health Psychol, Vol. 4, Nº 3. 2004.

21. Área de vigilancia de VIH y conductas de riesgo. Diagnóstico tardío de la infección por VIH: Situación en España. Secretaría del Plan Nacional sobre el Sida/Centro Nacional de Epidemiología. Madrid; 2011.

22. *Situación epidemiológica del VIH/sida en inmigrantes.* Secretaría del Plan Nacional sobre el Sida/Centro Nacional de Epidemiología. Agosto, 2009

23. HM Díaz Torres, A Lubián Caballero. Definición de caso y clasificación de la infección por VIH y SIDA. Rev Cubana Med 1998;37(3):157-65.

24. *Mortalidad por VIH/sida. Resultados 2008. Evolución 1981-2008.* Secretaría del Plan Nacional sobre el Sida/Centro Nacional de Epidemiología. Mayo 2010.

25. MJ Fuster. Cuidados Psicológicos del paciente. Revista Mujer Vital. Nº3, 2004.

26. Situación epidemiológica del VIH/sida en mujeres. Secretaría del Plan Nacional sobre el Sida/Centro Nacional de Epidemiología. Madrid. Diciembre 2008.

27. Recomendaciones GESIDA/SEFH/PNS para mejorar la adherencia al tratamiento antirretroviral. Junio 2008

28. Documento de consenso de la Secretaría del Plan Nacional sobre el sida /GESIDA sobre la Asistencia en el ámbito sanitario a las mujeres con infección por el VIH. 2011.

29. Recomendaciones de la SPNS/SEP/SENP/SEIP/GESIDA sobre aspectos

psiquiátricos y psicológicos en la infección por el VIH. Octubre 2008.

30. R. Uña Orejóna, et al. Sida y anestesia. *Rev. Esp. Anestesiol. Reanim. 2000; 47: 114-125*

31. Vigilancia epidemiológica del sida en España registro nacional de casos de sida. Junio 2010.

32. Plan de cuidados estándar: VIH- sida. H. U. Reina Sofía. Dirección de Enfermería. Córdoba.

33. http://www.who.int/features/factfiles/hiv/facts/es/index.html

34. http://www.unaids.org/globalreport/Epi_slides_es.htm